任菲 编

简约风

家居设计与软装搭配

江苏凤凰美术出版社

前 言

说起人们向往的家居生活，关键词总是离不开简单、简便、简洁，种种对"简"的喜爱代表了一种生活的智慧，减去无用的羁绊，只留下最重要的。这点与如今流行的简约风家居不谋而合，简约风的外在表现是简洁、少装饰，内核则是关注有质感的居住品质，一切从居住者的角度出发，以最简约的设计形式满足根本的需求。

本书集结笔者十余年的设计经验，旨在教会读者轻松打造简约风的理想家，从色彩搭配、材料选择、家具配置、光线处理以及留白设计等方面入手，将复杂的设计元素及使用需求，以简明、生动的形式呈现出来，达到兼顾实用性与美观的效果。例如，提倡不做多余的装饰，将焦点集中在家具造型及设计感上，找到空间的重心和中心；倡导自律的生活方式，利用隐藏式收纳设计，让室内保持干净、整洁的同时，使空间得到最大化利用。又如，简约风的家居品位体现在对细节的苛求和质感的把控上，每一个小细节都要经过深思熟虑，兼具设计感和线条感的家居元素能为居室带来精致感，适当点缀一些大理石、黄铜、玻璃等，可有效提升空间的高级感。

"简"字虽易，背后却隐含着不简单的内涵，它需要我们懂得欣赏生活的真谛，持有理性、温暖的生活态度，内心充盈而喜悦，学会知足，懂得舍弃。本书不仅仅是和你讨论如何营造空间美感，更多的是透过文字传达简约的人文情怀，返璞归真。每个用心设计的家都应融入屋主对生活的期待，能让人体会到满满的精细和认真，且充满幸福的生活气息。

生活不简单，但可以简单过。

目　录

第 1 章

关于空间与人的
简约风设计

案例 1

简真

家有两个男宝的极具趣味性大平层，在理性与非理性之间达到了平衡

空间设计暨图片提供：北岩设计

"设计向简，生活为真"，为空间注入新思维

设计师认为空间有不同的语言和表现手法，因此将空间的互通性、可变性、延续性进行多重组合，创造出与众不同的空间感。他根据屋主一家四口的具体需求，从功能角度出发，结合现代简约风格的定位，精简设计，旨在更好地表达高品质的生活方式，以及彰显新潮、舒适的居家态度。

整体户型方正，动线合理，采光通透，因此设计师对房间的格局改动并不大，仅把厨房外的阳台扩进来作为中厨空间，并将厨房门洞与入户衣帽间调整至同一个平面。考虑到屋主有两个活泼好动的男孩，设计师把过道处的 T 形承重墙包成圆柱体，让孩子们拥有趣味性及安全感十足的玩耍区域。

———————————— 项目信息 ————————————

170 平方米

房屋类型：平层
房屋格局：4 室 2 厅 2 卫
家庭成员：夫妻 +2 个孩子
主设计师：于园
使用建材：大理石瓷砖、实木地板、彩色乳胶漆、
木饰面、定制橱柜、黑板漆、硬包

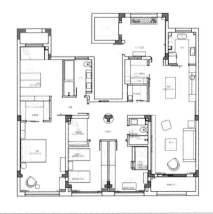

以色彩与材质的简，塑造视觉的丰富感

在这个 170 平方米的大平层空间，设计师将简与繁进行巧妙
结合。简是指天然材质的搭配，使用常见的白色乳胶漆和大
理石瓷砖；色彩上尽量采用材质的原色，带来冷暖平衡的空
间感受。繁是指利用简单的材质进行巧妙搭配，塑造出视觉
上的丰富感，例如，通过大理石的黑色与乳胶漆的白色带来
厚重与轻盈的对比。

大理石挂饰成为客厅的视觉焦点

现代风格并不等于过于理性化，软装搭配同样可以增添趣味性元素。客厅沙发背景墙使用整块圆形大理石，独特的肌理自成一幅禅意挂画。圆圆的"月亮"、方格地毯、俏皮的小狗……让空间充满灵动，创造出满足孩子好奇心的可感知空间。

材质运用

黑色大理石与白色乳胶漆的碰撞

电视背景墙造型极简，黑色大理石与白色乳胶漆相搭配，在下照灯的光影下呈现出块面的立体感。挑空的造型在视觉上能释放更多地面空间，极黑与极白演绎现代极简的纯净，传达着亘古不变的高级与时尚。

1

空间并不是乏味的极简，橙色的
麂皮绒单椅和长凳成为公共空间
的色彩点缀。

格局规划

空间和谐统一，美观性与功能性兼备

餐厅和客厅连通，打造出一气呵成的空间动线。造型简洁的家具彰显出低调质感，金属桌腿的纤细和大块面的空间形成对比。无须过多的装饰，打造舒适的用餐空间。为了营造轻松的用餐氛围，餐桌一侧摆放了标准的单人餐椅，另一侧则搭配一组条凳。

2

基于对两个孩子活动范围的考虑，设计师把过道的 T 形承重墙包成圆柱体，创造了流畅、安全的生活动线。

3

木饰面裹覆的活动区是小哥俩最喜欢的地方，可以依偎在妈妈身旁，听她讲故事。

作为套房的主卧空间，功能完备

在私密空间的打造上，设计师更加注重生活仪式感的引入，以及营造舒适的居住体验。作为套房的主卧，睡眠区、步入式衣帽间、独立卫生间、书房一应俱全，功能完备。床头背景墙采用定制的硬包和木饰面，打造沉稳、质朴的格调。

色彩搭配

以灰、白为主色调，部分亮色进行点缀

色彩搭配上，以白色、静谧的灰色作为空间的主色调，适当增添原木色进行中和。床头背景采用硬包和木饰面相结合的造型，立面辅以竖向线条，强调现代感。在灰、白的基调中，点缀些俏皮的橘红色和亮黄色，丰富空间色彩。

4

哥哥喜欢蓝色。蓝色的背景墙、硬包、
窗帘和床品,共同营造出沉浸式感官
体验。

5

儿童房定制了整面柜体,增加储物空
间,以应对未来十年的变化。

6

将主卧阳台扩入室内,大面积的落地
窗引入丰富的自然光,墙面的抽象挂
画为空间增添了韵味。

案例 2

姚宅

木饰面上墙，这个家竟然可以这么美！

空间设计暨图片提供：往里设计工作室

要有充足的收纳空间和良好的采光

屋主是一对年轻夫妻，有着极佳的审美品位，崇尚现代、简约的生活方式，希望下了班回到家，身心即能获得全然的放松，因此非常向往悠闲、乐活的高品质生活。他们希望家里拥有足够的收纳空间和良好的采光。

设计师思路 ──────────

越简单，越奢华

在这个 112 平方米的三居室中，设计师运用了自己一贯擅长的现代手法，在白色的基底下，使用大量的木质元素，木材温润的色泽、独特的肌理可以为小空间带来最大程度的舒适感。简洁的装饰造型、精细的施工工艺，以及对材料质地和色彩的精心选配，营造出一种悠然、放松的生活方式。

────────── 项目信息 ──────────

112 平方米

房屋类型：平层
房屋格局：3 室 2 厅 2 卫
家庭成员：夫妻 +1 个女儿
主设计师：王凌
使用建材：实木地板、艺术漆、大理石瓷砖、玻璃移门、定制橱柜、KD 饰面板、不锈钢

采用木饰面做背景墙，彰显简约大气之感

设计师剔除一切多余的元素和色彩。纯净的白色基底搭配温润的木地板和木饰面，灰色的布艺沙发、精致的大理石茶几和极简挂钟等组合搭配简约又有质感。整面木饰面背景墙成为客厅的视觉焦点，既不张扬，又可以让视线均匀地停留在空间的每个角落。

2

3

1

电视背景墙收纳功能强大，有藏有露，将设计感与实用性完美结合。

2

沙发背景墙整体铺贴 KD 饰面板，温润的木元素使空间充满自然气息。

3

舍弃复杂的装饰，简单搭配西班牙风格 Nomon 挂钟，提升空间的精致度。

大平层的通透格局

公共空间布局开阔，客厅、餐厅规划在一条直线上，视线不受阻隔。设计师采用了极简的设计手法，造型干净利落的顶面、墙面以及贴着墙面定制的整排储物柜，带给人清爽简约的视觉感受，凸显现代生活的品质。

材质运用

家具配置

不同的材质、造型在餐厅交织，错落有致

餐厅与厨房以玻璃推拉门区隔，两个空间得以相互借光。设计师利用材质和造型的变化，如大理石餐桌面、皮革单椅、金属吊灯，为餐厨区营造丰富的层次感。

简约中的画龙点睛

因为屋主想要传统中带有新意的布局方式，所以设计师特意将餐桌和吧台置于一处，餐桌的大理石台面与吧台材质相统一，拓展了餐厅的使用功能。

简约风
家居设计与软装搭配

4

储物柜从客厅延伸至餐厅，形成良好的空间互动关系，黑白柜体的设计集收纳、展示于一体。

黑、白、灰营造出理性的空间氛围

卧室延续了极简主义理念，没有复杂的装饰，用简约化的艺术笔触来勾勒空间的高级感。配色上，以黑、白为主色调，点缀具有轻奢质感的黄铜色，营造理性、优雅的空间氛围。床头背景墙上开竖线槽，搭配黄铜线形吊灯，使空间富有立体感。

软装搭配

这个儿童房有点"冷"

次卧是女儿的房间，这个儿童房的设计偏向成人化，屋主希望未来有更多的填充空间。灰色作为主色调贯穿设计的始终，为了平衡空间色调，床头背板设计为原木饰面板。简雅的设计是为了让女儿从小对审美有自己的体会。

5

主卧一角，软装陈设上，遵循简洁的表达手法，不对称吊灯增加趣味性，让空间不会显得过于呆板。

6

次卧床头的阅读灯满足了屋主女儿的阅读需求，既是光源，也是装点空间的重要饰品。

案例 **3**

闫宅

单身女孩一个人住 180 平方米，家才是真正的 "居心地"

空间设计暨图片提供：Eric 设计工作室

卸下繁忙之后，想有一个零压力的家

屋主是一位单身女白领，对生活有自己独特的思考方式。作为新时代的独立女性，她心怀浪漫，却不随波逐流，喜欢与世界温柔地对话，宅在家里是她最享受的状态。她跟设计师强调："我想拥有大大的落地窗和足够的收纳空间。"

设计师思路 ———————————— ——

用现代简约的设计手法展开空间的多维描述

闫宅位于江边，在这里可以一览珠江美景。设计师运用现代简约的设计手法，通过多种材质和造型的搭配堆叠空间层次，让屋主体会空间的沉稳与内敛。屋主平常一个人居住，于是设计师打掉室内多余的墙体，露出房子的原始面貌，呈现开阔、明朗的通透格局；为了满足她在公共区域办公的需求，设计师专门在餐厅打造了一个多功能岛台。

—————————— 项目信息 ——————————

180 平方米

房屋类型：**平层**
房屋格局：**3 室 2 厅 2 卫**
家庭成员：**1 人**
主设计师：**吴佳**
使用建材：**六角瓷砖、实木地板、彩色乳胶漆、软包、木饰面、天然石材、黑色铁艺格栅、定制橱柜**

颇具高级感的简约大平层空间

开放式的布局令客厅、餐厅的连接灵动而紧密，没有复杂的装饰和色彩，公共空间以白色、原木色为基底，深灰色布艺沙发和黑色单椅的点缀营造出视觉上的层次感。材质上，设计师选用了大量的木元素，从纹理自然的木地板到餐桌、木饰面，简约、克制的设计手法中，不乏含蓄的肌理变化，增添室内的温暖与舒适。

烟灰蓝与原木色的组合、碰撞

打掉客厅和阳台之间的推拉门，把阳台完全纳入客厅，满足屋主对全景落地窗的憧憬。白色、原木色的搭配让空间看起来宽敞、明亮；深灰色布艺沙发和浅色藤椅在色彩、材质上存在一定反差，但摆放在一起显得十分和谐。

收纳设计

整排储物柜满足屋主的收纳需求

电视背景墙上打造了整排储物柜，足以收纳屋主平常的零碎物件；储物柜未做到底，让墙面更有呼吸感。

材质运用

留白创意成就风格"素颜"

电视背景墙上的烟灰蓝墙漆与白色烤漆面板的结合有些"小调皮"，但实木地板的纹理使之又沉稳了许多。

无主灯照明贯穿于室内设计始终

客厅采用无主灯设计，利用点状光源＋线形灯进行照明：一方面，让光线分布更加均匀，避免使用主灯带来"金碧辉煌"的效果；另一方面，线形灯带独具线条美感，可以带来不一样的视觉感受。

家具配置

定制餐桌赋予餐厅多重功能

餐厅延续客厅的设计手法，又另有新意。餐桌由水吧和一整块胡桃木衔接而成，餐桌、岛台一体，既是用餐之地，也是办公之所。设计师非常喜欢简约设计带来的纯净感，定制整面餐边柜，各种杂物都拥有了"容身之地"；Melt 吊灯的灵感来自融化的玻璃，运用在家居空间中格外吸睛。

1

主卧的房门采用隐形门设计，与深棕色护墙板融为一体，保证了视觉上的整体性。

2

大面积落地窗可以一览窗外的江景，墙面铺贴天然石材，搭配白色纱幔、实木地板，随时沉浸在自然之中。

3

入户正对客厅、餐厅，设计师以黑色铁艺格栅作为隔断，制造朦胧的空间美感。

以灰色为主色调，带出高级感

卧室延续现代简约的设计理念，减少过多的室内装饰，让空间回归本真，营造出优雅的睡眠空间。整体配色低调、理性，以大面积的灰色为基础，原木色的点缀为卧室增添温馨感。时间在这里仿佛变得缓慢，是屋主独处思考的私密空间。

软装搭配

深灰色软包背景墙柔化空间氛围

主卧床头背景墙采用特殊定制的深灰色软包，软包材质柔化了室内过于清冷的氛围；实木床头柜搭配精致的金色小吊灯，细节设计也别出心裁，调和出层次丰富又实用的睡眠空间。

简约风
家居设计与软装搭配

4
主卧为套房,步入式衣帽间是木工师
傅现场定制的,满足屋主的收纳需求。

5
书房的墨绿色墙面和嵌入式书柜格外
吸睛,碟形吊灯照亮了整个房间。

6
卫生间的设计非常炫酷,墙面、地面
的黑、白六角砖的拼贴组合弱化了空
间的压抑感。

风物诗

将两个阳台合二为一，得以享受午后慵懒的时光

空间设计暨图片提供：嘉维室内设计

优化格局，打造符合屋主气质的舒适空间

屋主是一位独立女性，对室内设计有较高的参与度和接受度，这使设计师有较大的发挥空间，以打造出符合屋主气质和生活方式的舒适空间。

考虑到屋主的接受度比较高，设计师对原始户型做了较大的改动优化，使房屋的居住体验真正符合屋主实际需求。为了打造开阔的客餐厅空间，设计师拆掉紧邻客厅的卧室的非承重墙，改造为餐厅，并且打通阳台，整合为一个超大阳光房，不能拆的承重墙则巧改为电视背景墙。此外，重新规划过于集中的房门和狭窄的通道，让生活动线更顺畅。

在空间配色上，设计师遵循原有的中性基调，以灰、白为主色调，红色窗帘和极具异域风情的地毯的运用为室内增添了色彩，赋予空间更多女性气息。

———————————— 项目信息 ————————————

123 平方米

房屋类型：**平层**
房屋格局：**2室2厅2卫**
家庭成员：**1人**
主设计师：**熹维室内设计**
使用建材：**艺术涂料、乳胶漆、地砖、定制橱柜、仿岩板柜门、百叶窗**

平面布置图

格局规划

拆除室内多余的非承重墙，重新定义空间

整个空间围绕着屋主想要表达的"追求空间的原始面貌"展开，设计师不仅拆除了多余的墙体，更将天花板的表层拆除，裸露出原始结构。格局优化后，整个公共区域被安排在一个大开间内，两个阳台合二为一，视觉上更加宽敞。对于保留的部分承重墙，设计师顺势改造为电视背景墙，内嵌式的电视机消除了平整立面带来的刻板感。

在灰、白的空间中，点缀红、黄、蓝

室内并没有选择木地板，通铺色彩内敛的灰色地砖，在浅淡的背景中更能衬托出色彩浓郁的装饰物。蓝色的布艺沙发、黄色的懒人沙发和红色的窗帘，不显杂乱，而是灰、白空间中别有情调的装点。

软装搭配

屋主的收藏品才是最好的软装饰品

客厅中的沙发、椅凳、地毯、艺术挂画以及灯具都充满了自由的气息，这些大都是屋主多年来收藏的珍贵单品，每一件物品背后都蕴藏着一段动人故事，摆放在家中各个角落，把家当成旅行的回忆录。

1

隔墙拆除后，两个阳台合为一体，采光实现最大化；定制储物柜嵌入墙体，将洗衣机、干衣机妥善收纳。

2

餐厅不做吊顶，裸露的管线带来轻工业风的利落感，搭配藤编椅子和实木餐桌，提升用餐空间的轻盈氛围。

3

藤编椅子与实木长桌让生活中的每餐都充满野趣，餐边柜是造型简洁的书架，摆满书就洋溢出生活气息。

大面积留白的简约空间

主卧延续公共空间设计理念，强调简约、舒适感。不做吊顶，墙面大面积留白，有重点地布置光源，以维护卧室的私密氛围。藤编的筐子叠起来刚好到床头柜的高度，随性又可爱；粉色床品和红色落地灯将屋主的少女心暴露无遗。

4

4
拆除次卧后，呈现出开阔的客餐厅空间；主卧与餐厅之间的墙面做镂空处理，让空气更好地流通。

5
厨房呈 U 形，空间利用率高，仿岩板柜门与同色冰箱为厨房增添了沉静的氛围。

6
白色与鸭蛋青色二分的墙面极其清爽，搭配屋主收集的各类风格画作、绿植，成为室内颇值得玩味的一景。

5

6

案例 5

织境

极简黑、白、灰设计，
现代主义的极致美学

空间设计暨图片提供：吾索设计

一个人住，房子格局也不能将就

屋主是一位对生活很有想法的单身男教师，钟爱黑、白极简的居所，黑与白如同极夜与极昼，在对接的一瞬间释放出强大的视觉张力。一个人住 128 平方米的三居室，足够宽敞和舒适，但房子的原始格局仍存在缺陷，基于长远的规划，有较大的改进空间。

设计师思路 ————————————

化繁为简，运用黑、白两色赋予空间理性之美

原始格局相对较规整，设计师在空间布局上未做过多调整，保留了 3 室 2 卫的格局；简单调整了次卧和卫生间的动线，让睡眠区趋于静谧，与公共空间动静分区更明确。尽管平时只有屋主一个人居住，但公卫干区的设计足以应对未来人口增加的问题。

配色上，运用黑、白两色彰显简约而有质感的男性魅力。设计师认为：黑与白象征着自然界中的夜与昼，光影交织所传递出的自然之美同样适用于室内空间。在黑、白主导的空间内，辅以现代手法，成就返璞归真的自然之境。

———————— 项目信息 ————————

128 平方米

房屋类型：**平层**
房屋格局：**3 室 2 厅 2 卫**
家庭成员：**1 人**
主设计师：**秦江飞**
使用建材：**水性漆护墙板、卡斯摩复合地板、长虹玻璃、不锈钢、水磨石砖、百叶窗、木饰面**

极简的黑、白配色，彰显理性的美学特质

客厅黑与白的色彩对比带来鲜明而利落的视觉感受，杜绝高彩度、跳跃性的饱和色，营造出温馨轻松的居家环境。不规则布艺沙发、茶几、吊灯以及窗帘，简单的黑、白色彩搭配也可以营造出丰富的视觉效果；顶面暗藏的灯带散发出暖黄色的光，见光不见灯，让立面层次更加丰富。

1

光源设计在空间设计中的重要性毋庸置疑，筒灯、吊灯、落地灯、灯带组成的立体式照明让室内无暗角。

2

电视背景墙采用柜体和不锈钢的组合，同样是黑与白的极简搭配，用以展现男性刚硬的特质。

3

黑与白本是自然界中的夜与昼，光影交织所传递出的自然之美也适用于室内空间。

开放式格局赋予空间通透美感

客厅、餐厅和厨房共处于一个开阔的区域，开放式布局让空间显得更为明亮、宽敞。客厅、餐厅以一面黑色背景墙进行隐性划分，厨房选用时下非常流行的长虹玻璃移门，长虹玻璃透光不透视的特性，保证了公共区域的良好采光和通透性。

材质运用

以黑色木板塑造餐厅静谧的氛围

餐厅背景墙采用黑色木板上墙，以此强调餐厅的独特性，并与客厅的不锈钢电视背景墙在色彩上形成呼应。原木色椅背结合金属腿的餐椅给这个纯净的空间注入温度；在静谧的黑色背景下，点缀些花艺，如同一幅静物画。

……户玄关，右侧转角的黑色定制鞋柜
……餐厅的背景墙采用同一种材质，制
……视觉上的延展效果。

在黑、白的空间中加入高级灰

主卧的设计更加简洁，在黑、白的空间中加入高级灰，赋予空间安静的个性。大面积的落地窗为室内带来充沛的光线，让原本安静的房间更显宁静，搭配极简的 Nomon 挂钟，时间仿佛在此停滞。

适度留白，展现家具纯粹的姿态

设计师清楚地知道屋主的个人品位，让家具成为空间的主角，因此弱化风格的介入性，通过色系铺陈以及恰到好处的留白，展现家具、饰品的美丽姿态。

减去一点点黑色，让卧室更安静

另一间卧室面积较小，延续了公共区域的设计，以增强空间的联动性。在色彩搭配上相对柔和一些，降低了黑色的占比，加入更多灰色，最后呈现的氛围仍是设计师强调的安静。

简约风
家居设计与软装搭配

5

利用玄关柜背后的区域设计独立的干
区，方便屋主就近盥洗，成为动静区
域间很好的过渡。

6

后现代玄关柜、艺术画、黑色线形吊
灯共同组成了入户端景，打造归家的
仪式感。

7

厨房以白色为主，地面铺贴水磨石，
水磨石具有防水、易清洁的特性，能
更好地处理因做饭带来的油渍。

案例 6

Ramble

在黑、白的简约空间中，
加入墨绿色，让生活充
满勃勃生机！

空间设计暨图片提供：JULIE 软装设计

想要简单、纯粹而富有仪式感的家居环境

屋主是一对年轻的小夫妻，生活在新一线城市杭州。他们对新房的设想是简单、自在、纯粹、富有仪式感，而对"仪式感"三个字他们也有独到的理解，不是一顿高级法餐、一个奢侈品包包，而是生活中的每一个小细节，是充满互动感的家居氛围和满怀爱意的陪伴。

设计师思路 ———————

以开放式格局打造充满仪式感的家

根据屋主的要求，设计师将重点放在室内格局改造和软装搭配上，并从材质自身的属性以及色彩出发，打造屋主理想中的家。格局上，将原本封闭的厨房改造为开放式，与餐厅规划在一起，作为一体式餐厨空间，以增加公共空间的采光。此外，将书房融入主卧，晚上女主人在床上追剧，男主人在一旁工作，充分实现生活的互动。

配色上，在以黑、白为主的空间，加入墨绿色，深邃的墨绿色象征着自然与生机，不仅与室内的绿植相呼应，也营造出视觉上的焦点。

———————— 项目信息 ————————

89 平方米

房屋类型：**平层**
房屋格局：**2室2厅1卫**
家庭成员：**夫妻**
主设计师：**柒月、井凯强**
使用建材：**木地板、大理石瓷砖、百叶窗、仿真电子壁炉、烤漆橱柜**

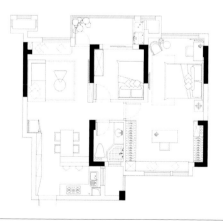

色彩搭配

墨绿色沙发带来色彩的冲击时，也带来了活力

公共空间涂刷白色乳胶漆，大面积的白色搭配深色家具，奠定了简约基调。视觉的焦点完全落在客厅的墨绿色布艺沙发上，深邃的墨绿色象征着自然与生机，虽是冷色系，却自带高级感，让人联想起茂密的丛林、充足的氧气，流露出不尽的生活元气。

照明设计

无主灯照明让顶面线条更干净

客厅采用无主灯照明设计，暗装筒灯、轨道灯组合搭配，形成视觉上的延伸，同时让整个空间看起来更利落、更有层次感，极具格调。

1

客厅没有过多的家具与摆设，以减少物质带来的束缚，满足功能要求的同时，最大程度地增加舒适度。

2

墨绿色的沙发在色彩上和绿植相呼应，为纯净的空间增加色彩点缀。

3

电视背景墙大面积留白，只在一侧嵌入电子壁炉和壁龛，以此丰富立面的层次。

开放式餐厨空间实现屋主想要的仪式感

入户打破了原始的格局，将原本封闭、狭小的厨房改造成开放式，与餐厅融为一体，视野更加开阔，进门不会显得那么拥挤，采光也得到了最大化利用。设计师特别选用白色烤漆面板做柜门，白色从橱柜延伸至墙面，增强了空间的纵深感；融入黑色餐桌和灰色单椅丰富空间层次，打造出高雅的用餐氛围。

4

厨房定制了白色烤漆面柜体，并
将所有电器巧妙隐藏于柜体内；
白色岛台增加了厨房操作台面的
面积，巧妙界定出厨房和餐厅。

定制红色系列挂画，为卧室增加色彩点缀

主卧体现了舒适性和功能性的有机结合，延续公共区域的设计元素搭配，以白、灰、原木色为主色调，个性的红色系列定制挂画是点睛之笔，为纯色空间注入色彩；大大的软床以及小体量的木质家具，为空间增添了些许温馨感。

格局规划

藏在卧室中的开放式书房

打掉多余的墙体，将书房置于主卧内，实现了屋主拥有大卧室的梦想，南北通透的开放式格局增加了开阔感与舒适度。女主人在床上躺着追剧，男主人在一旁的书房加班，"相看两不厌"，这就是屋主追求的互动感。

简约风
家居设计与软装搭配

5

衣柜位于书房处，两排到顶的衣柜提供了丰富的储物空间，深灰色的柜面尽显大气之感。

6

软装细节十分考究，床头右侧是大幅红色落地挂画和水晶台灯，为理性空间带来一点小情趣。

7

床头左侧是两小幅艺术挂画、一对黑色茶几和金属线形吊灯，非对称式设计彰显出设计师不俗的审美品位。

有温度的家

160平方米简约大平层，设计由生活而来！

空间设计暨图片提供：力高设计

房子虽大，储物空间却不可少

房子属于典型的四室两厅户型，格局方正，南北通透。屋主是一家三口，夫妻俩希望家里的装修风格不要太过复杂，但又不能太无趣，同时兼具收纳功能及实用性，最好让每个空间都充满惊喜和趣味。

设计师思路 ————————

形式由功能而来，根据居住者的生活习惯来进行空间设计

设计师认为：空间的功能性设计由生活而来，不为对立而生，互为因果相融。开始做平面规划时，设计师通常会把自己当成屋主，在各个空间中四处走动，想象自己过着屋主描述的生活，拥有他们拥有的东西，或者即将拥有的东西，这样最终落地的方案才能真正做到"以人为本"，不仅是美的，更是实用的，经得起时间的考验。室内设计着意打破空间与空间的界限，让每个区域相互融通、亲密有间，赋予居家生活更多趣味性。

——————— 项目信息 ———————

160 平方米

房屋类型：**平层**
房屋格局：**4 室 2 厅 3 卫**
家庭成员：**夫妻 +1 个孩子**
主设计师：**钟良胜**
使用建材：**实木地板、秋香木饰面、大理石瓷砖、涂装板、鱼肚白薄板、定制铝材移门**

客厅与书房灵活、联动，既保持了对话，又相互独立

户型设计突出强调空间的社交属性，尽量去除空间之间的隔断，借由开放的环绕式动线，在起承转合间尽显大平层的理性之美和感性之悦。公共空间以直线条为主，主要采用间接照明手法，简洁干练又不失大气；客厅与书房相互关联又有独立性，可以成为家人、好友交流和畅谈的社交场所。

简约风
家居设计与软装搭配

用多样的材质丰富空间质感

从玄关看客厅、餐厅和走廊，木饰面、鱼肚白薄板、灰色瓷砖尽收眼底。作为空间的主材，深灰色地砖质感冷硬，餐厅墙面的鱼肚白薄板新颖、华丽，温润的木饰面在其中起到平衡色彩和视觉温度的作用，三种主材的合理搭配让空间充满层次感。

格局规划

半高电视墙让光线自由穿透

大理石半高电视墙是空间设计的一大亮点，半墙的设计保证了公共区域的视线连通，既在入户形成一定遮挡，又模糊了玄关和书房的关系，在空间上相互借景，保证光线的自由穿透。

极简的设计赋予餐厅多元功能

餐厅作为厨房和客厅的连接，在色彩和材料的使用上，保持了空间的连贯性；黑色岩板的餐桌台面与鱼肚白薄板背景墙在视觉上形成了对比，一白一黑，简约时尚。餐厅的设计是多元的，吊灯有三种色温可选，既能满足就餐功能，也是可工作、可阅读的第二大家庭交流空间。

1

在黑白简约的餐厅中，粉白的线形吊灯为空间增加了色彩点缀。

2

从餐厅可以看到次卧旁的自动折叠木门，木门完全打开即成为公共区域和睡眠区域的分界线。

简约风
家居设计与软装搭配

3

厨房是极简的白，橱柜选用白色烤漆
面板，能将电器等厨房用品收纳妥当，
让屋主下厨也成为一种享受。

彰显高雅格调的主卧套房

主卧是标准的套房设计，睡眠区、卫生间、开放式衣帽间、休闲区一应俱全，通过布艺、硬包、木饰面等材质营造低调却高雅的格调；床尾整排通高衣柜收纳能力极强，充分利用了立面空间。

低饱和度的配色让空间更显高级

主卧采用低饱和度的色彩搭配，浅色背景墙与中性灰的床品相呼应，体现柔和的特质，以黄铜色等作为局部色彩点缀。阳台处专门辟出了一块休闲区，搭配柠檬黄沙发，让空间更有设计感。

4

入户右侧是半开放书房，玻璃格栅移门保证了室内的通透性，让书房成为过渡空间。

5

书房的榻榻米和书柜均为现场定制，深与浅的色彩对比，呈现出利落的视觉效果。

6

走廊未做过多的修饰，意味深长的画作似在给人启示，屋主无论置身何处，都能激发新的灵感。

案例 **8**

独居者之家

独居者的终极空间运用
术，70 平方米小房子
秒变 100 平方米

空间设计暨图片提供：上海费弗空间
设计有限公司

一个人的小天地，舒适、简洁最适宜

每个人都曾畅想拥有一个理想的家：在心仪的空间，既有悠闲的小天地，也有柴米油盐的琐碎和温暖。房子是精装公寓，屋主是追求完美的处女座 V 先生，他想通过软装设计让未来的家更加完美。

设计师思路

精装房微改造，巧妙利用空间，小房越住越大

精装房作为市场化的产物，虽然通用，总还是少了些个性和实用性。房子原本是精装房，交付后在硬装和软装上都存在不少的缺陷，在与屋主进行多次沟通后，设计师改动了局部硬装和整体软装，让房子更能体现屋主的个性。最后，这间并不算宽敞的公寓，功能区被合理地划分，色彩搭配也显得清新自然，小户型的局促感在这里毫无显现，空间充满精致感。

项目信息

70 平方米

房屋类型：**平层**
房屋格局：**2 室 2 厅 2 卫**
家庭成员：**1 人**
主设计师：**上海费弗空间设计有限公司**
使用建材：**白橡木皮饰面、实木地板、水泥艺术漆、谷仓门、不锈钢台面**

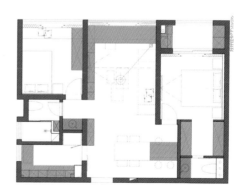

原木家具让整个现代空间充满温馨感

公共空间整体的软装搭配简约、时尚，在纯净的白色调的衬托下，从进门的木饰面、地板、电视背景墙到餐桌椅，整体选用木质家具。蜂蜜色牛皮沙发搭配色彩明亮的挂画、金属灯具，带来浓郁的现代气韵。造型别致的灯具以及暗藏的 LED 灯带让空间有了多变的层次感。

软装搭配

隐约 INS 风与简约风的混搭美

蜂蜜色牛皮沙发和明亮的抱枕属同一色系，视觉上保持了统一。设计师用灯具与饰品的金属感凸显都市情怀，INS 风的天堂鸟绿意盎然，在客厅里混搭出生活美感。

1

沙发背后的挂画色调明艳，彰显现代气韵；蜂蜜色牛皮沙发搭配浅色地毯，带来归家的温馨感。

水泥艺术漆面强化室内的现代感

室内的顶面最大化地保留原始层高,客厅天花板上仅粉刷了浅灰色水泥艺术漆,搭配一旁的大窗户,在有限的空间里使视觉空间达到最大化。

收纳设计

打造整面储物柜,满足屋主的收纳需求

为了避免小空间产生杂乱感,设计师定制了整面柜体,白色与原木色的搭配清新素雅,"藏八露二"的收纳结构美观又实用,方便就近收纳。餐桌旁的柜子用了黑色磨压柜门,无把手设计让整体更加耐看。

2

两个柜体中间采用镜面延伸视线,原木色抽屉打破了黑色的沉重感。

2

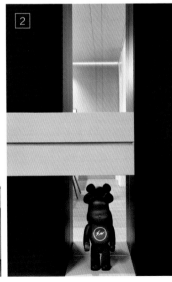

小空间也可以开阔、明亮

室内面积并不宽敞，客厅、餐厅位于同一空间，设计师未做隔墙加以区分，而是通过色彩与材质的呼应，带来视觉上的统一感。餐厅夹在客厅和玄关之间，顶面的木饰面和水泥艺术漆巧妙地界定出了客厅和餐厅空间。

白橡木皮饰面围合出用餐空间

人们对家心怀眷恋，因为它不仅是栖身之所，更是存放味蕾记忆的美妙之地。餐厅的设计亮点是木饰面的运用，从墙面延伸至顶面的白橡木皮饰面对餐厅形成了围合感，白色餐椅和岛台减少了视觉压力。头顶一圈的 LED 线条光，让餐厅轮廓更加分明。

以灰、白为主色调，适当融入原木色

主卧延续了水泥艺术漆墙面＋原木设计，依然是屋主喜欢的风格，并用灰、白色进行调和。顶面的黑色装饰线带来了视觉上的立体感；床头背景墙使用了水泥艺术漆，白天的阳光洒到纱帘上，让整个房间变得温暖惬意。

照明设计

无主灯照明设计实用又高级

房间的光线，白天来自落地窗的自然采光，夜晚则来自两侧的壁灯和床头背板后面的嵌入式灯光条，柔和的光线有助于营造舒适的睡眠环境。床头柜上造型别致的小台灯，对于喜欢读书的屋主来说是夜晚最好的陪伴。

3

厨房藏在白色谷仓门后，以灰、白为主色调，深浅不一的灰色瓷砖搭配白色橱柜，从材质到配色设计克制又简单。

4

嵌入式灯光条让小空间拥有丰富的视觉感受，不规则的黑色铁艺层板既是置物架，又是墙面点缀。

都市里的佛系生活

以简约的设计手法，打造 130 平方米现代简约风格三居室

空间设计暨图片提供：杭州 TK 设计

强调实用性和朴素的装修设计

屋主是幸福的三口之家，崇尚自由、乐活的生活态度，不追求所谓的设计风格，希望新家能满足每一位家庭成员的生活习惯需求。女主人热爱生活、善于打理家，空闲时愿意把时间花费在自己喜欢的事物上，比如烘焙、插花、阅读；男主人则喜欢在客厅陪儿子一起做游戏。

设计师思路 ─────────────

将公共区域打造为开放式格局，以增进家人之间的感情

屋主平时忙于工作，因此格外重视家庭生活，希望一家人团聚时能有充分的活动空间。为了达成此目的，设计师将设计重点放在客厅和书房上，打通两者的阳台，让公共区域尽量开敞。空间与空间的交集多了，就可以变换出更多的生活场景。整个家没有繁复的装饰，通过低调色彩和自然材质的组合营造出雅致、悠然的生活氛围。

─────────────── 项目信息 ───────────────

130 平方米

房屋类型：**平层**
房屋格局：**3室2厅2卫**
家庭成员：**夫妻+1个男孩**
主设计师：**杨立宇**
使用建材：**木地板、木饰面、玻璃推拉门、折叠木门、水泥灰瓷砖、大理石瓷砖、定制橱柜**

材质运用

木饰面与大块水泥瓷砖混搭出的佛系客厅

公共区域通铺自然纹理的木地板，奠定了空间亲近自然的基调，
走廊顶面和沙发背景墙上铺贴木饰面，搭配大尺寸水泥瓷砖，视
觉上形成冷暖的反差对比。无主灯的平顶设计将客厅简约、利落
的特征表达得淋漓尽致。

动线、格局充满生活感

从阳台看客厅、餐厅和厨房，整个公共区域完
全开放，呈现出流畅的生活动线。电视背景墙
上大理石瓷砖凸出于墙面，内置LED发光灯带，
其材质也呼应着对面的水泥瓷砖。

简化材质让空间铺设更具层次

客厅以白、灰为主色调，简约的色彩搭配营造
出素雅的家居氛围。背景墙上的大块水泥瓷砖
为客厅带来冷硬的质感，木饰面与布艺沙发在
色彩和材质上进行巧妙的平衡。

餐厨一体式设计深受年轻人的喜爱

餐厅和厨房做了餐厨一体式设计，以餐桌衔接中岛，扩增操作台面的空间，并形成"回"字形动线，让餐厅成为第二个家庭交流的空间。厨房呈L形，所有电器都被妥当地"植入"柜体中，让空间显得更为利落，迎合了女主人的烘焙爱好。

家具配置

精选原木家具，打造有格调的就餐环境

在白色的基底下，原木餐桌椅与木地板的结合，勾勒出自然、温润的空间氛围。一桌六椅的搭配过于传统，设计师特意改为条凳，为空间增添趣味性。一旁的岛台不仅可以作为备餐区，底部还可用来收纳厨房杂物，实用又美观。

1

走廊顶面铺贴木饰面，尽头的黑白艺术挂画成为视觉焦点。拆除书房原始隔墙，代之以玻璃推拉门，确保了走廊的采光。

2

靠沙发一侧的阳台与书房是相通的，以木质折叠门相区隔，强调各区域的互动性，营造出开阔的空间感。

简约风带来的治愈感

屋主对主卧的要求是纯粹的睡眠功能，一切布局从简。整体设计素雅大气，线条感十足，白墙和原木家具的搭配朴素自然，床、床头柜和床尾的储物柜统一采用实木材质，营造安适的空间感，简约的色彩搭配无形中散发出令人舒适的轻松感。

软装搭配

细节设计之于整体空间

室内的软装细节十分出彩，大面积的墙面留白以及黑白经典艺术画的运用，让卧室散发出淡淡的现代简约气息；床头两盏不对称的床头灯为空间增添了很多意趣；一侧的极简原木挂衣架有"遗世独立"之感。

3

书房的定位是多功能空间，设计师在此规划了整排到顶衣柜，把卧室从大面积储物中解放出来。

4

角落里的明黄色懒人沙发是屋主留给自己的治愈角，她可以在此晒太阳，享受独处时光。

5

主卧具备套房属性，包括卫生间和独立衣帽间；三分离的卫浴空间，沐浴、洗漱、如厕互不干扰。

案例 10

向礼

高级灰 + 蓝黄撞色，极简
空间传递关于家的美好

空间设计暨图片提供：北岩设计

从居住者视角出发，打造专属"居心地"

室内设计的风格和功能取决于什么样的人居住，以及空间的用途。
这座房子的屋主是简单的三口之家，年轻的夫妻有十年内换房的
打算，因此设计师简化了原本的设计，在基本不改动房屋原始格
局的前提下，进行微改造，通过增加定制柜体和调整空间布局，
实现美观性与功能性相平衡的目标，为居住者打造出轻松、无拘
束的宜居空间。

软装搭配上，各种材质衔接自然且流畅，色彩搭配简约、高级，
充满趣味性的软装饰品点缀各处，使各个功能空间充满节奏感。

————————— 项目信息 —————————

120 平方米

房屋类型：**平层**
房屋格局：**3室2厅2卫**
家庭成员：**夫妻+1个孩子**
主设计师：**王宏穆**
使用建材：**大理石瓷砖、实木地板、彩色乳胶漆、**
硬包、木饰面、磨砂玻璃推拉门、定制橱柜

极简的表象之下隐藏着别样的设计感

客厅是公共空间的中心，设计师通过明亮的色彩、清晰的纹理以及利落的线条，营造出现代简约的空间风格。整体以白色和灰色为基底，灰色布艺沙发简约而舒适，姜黄色皮质单椅丰富了客厅的设计语言，与沙发抱枕和挂画中的蓝色进行撞色搭配，在视觉上营造出极具张力的空间氛围。

1

利用透明玻璃移门带来充沛的光线；大面积留白赋予空间原始质感，让人倍感温暖、放松。

2

电视柜底部留空位置特别定制了灰色的大理石台基，可以放置屋主收藏的摆件。

3

一面墙、一束花、一盏灯，没有刻意渲染，简单的搭配营造出充满格调的艺术气息。

开放式的客厅、餐厅和厨房

全屋南北通透、动静分区合理，设计师遵循开放式的居住理念，客厅、餐厅和厨房连成一线，营造出明亮而宽敞的空间氛围。

黑色餐桌椅为餐厅增添沉稳感

餐厅的设计更为简洁，黑色餐桌椅与白色墙面形成强烈的色彩反差，极具视觉张力。为了平衡空间色彩，设计师特别配置了四盏玫瑰金吊灯；黑白装饰画无形中提升了空间格调。

色彩搭配

深邃蓝与原木色的组合、碰撞

蓝色有着深邃、内敛的质感，能与天然木材进行冷暖色调的对比，营造出沉稳又不失温馨感的空间氛围。背景墙上的抽象色块与家居用品一一呼应，虚实结合的手法延展了空间视线，也将室内层次丰富地呈现出来。

软装搭配

微小的细节彰显出屋主对生活品质的追求

设计师采用无床头的设计，以延续极简的设计风格，打造出简雅的美学空间。线形吊灯、迷你床头柜和抽象挂画，这些软装小细节无不彰显出屋主对高品质生活的追求。

案例 **11**

丁克之家

只用黑、白、灰三种颜色，能装出多么极简的家？

空间设计暨图片提供：上海费弗空间设计有限公司

运用黑、白、灰三种颜色，为丁克夫妇打造一个极简的家

屋主是一对三十岁左右的丁克夫妇，他们喜欢的家和生活都"长着极简的样子"。根据两人的需求，居室的整体基调定位为极简的冷白色调。

室外景色非常好，因此设计师采用借景和框景的手法，以及点、线、面的构图来设计整套房间。房子无不良格局，动静分区明确，动线流畅、合理。设计师以纯净的白色调为基底，简单搭配素雅、柔和的家具；将设计重点放在立面处理上，通过强调墙面的层次感，来丰富整个空间；在面与面上做叠加，再通过细节的收口，让空间充满精致感。

———————— 项目信息 ————————

110 平方米

房屋类型：**平层**
房屋格局：**2 室 2 厅 2 卫**
家庭成员：**夫妻**
主设计师：**上海费弗空间设计有限公司**
使用建材：**水泥砖、高光烤漆面板、实木地板、石膏板、黑色拉丝不锈钢、镜面不锈钢、大理石瓷砖、超薄钢板、定制橱柜**

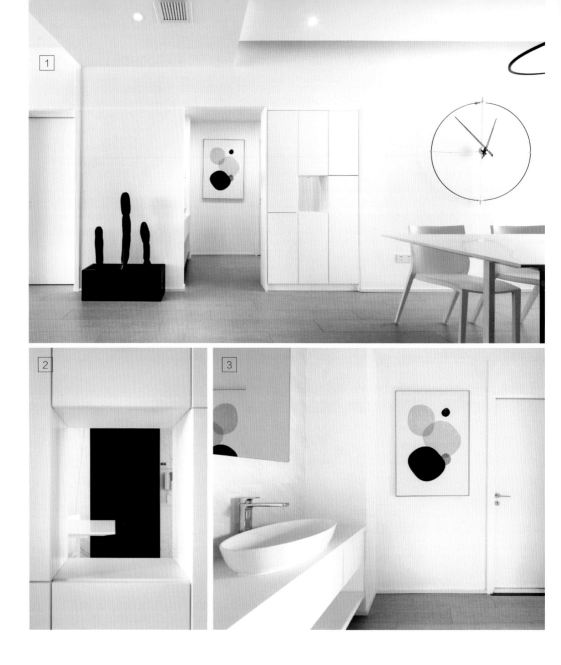

1

艺术感十足的装饰画是进门的第一道
端景，白墙前的仙人柱成为入户的第
二道端景。

2

玄关柜做了镂空处理，这样餐厅和走
廊之间便有了穿透性，光影可以在两
者间自由流动。

3

透过玄关柜的镂空看入户门旁的黑色
入墙式鞋柜，白墙、黑柜让空间不显
单调。

只采用黑、白、灰色，营造极简的空间格调

整个公共区域以极简的黑、白、灰色进行铺陈，目力所及没有其他色彩，白净的墙面、浅灰色的地板、灰色的布艺沙发以及黑色的不规则茶几，奠定了室内的极简风基调。没有了装饰品的点缀，设计师让家具本身成为有趣的装点，弧形落地灯体量庞大，别有趣味。

预埋超薄钢板,从材质上强化极简感

客厅的电视背景墙看上去十分简洁,实则暗藏
"玄机"。背景墙上做了一层石膏板,在右侧
设计了斜向不规则拉槽,并预埋 5 毫米厚的超
薄钢板,让电视机的挂靠更加牢固。

L 形线光条和结构性照明丰富空间层次

客厅舍弃传统吊灯的设计手法,采用嵌入筒灯
进行直接照明,沙发背景墙从顶面到侧墙的 L
形嵌入式线光条和黑色钢条下的墙间结构性照
明,让原本单调的白墙层次丰富起来。

平顶的设计充分保证了室内的通透性

餐厅和客厅隔着过道，顶面均做了平顶设计，保留原始空间将近 3 米的层高，确保空间的通透性。为了丰富空间的层次，设计师将重点放在了立面的处理上，在面与面上做叠加，侧面、立面和顶部衔接的地方都做了间接照明的灯带。

家具配置

丝毫不起眼的餐桌竟重达 50 千克

餐厅仍是极简的设计，遮光帘可以完全藏在吊顶里，不占立面空间。白色的餐桌为定制款，看起来轻盈，实际上重达 50 千克，触摸时会深感质感和分量并存。鞋柜一侧的大理石墙面上做了斜向不规则拉槽；另一侧白墙上则悬挂着 Nomon 时钟，彰显着空间品位。

采用黑色拉丝不锈钢做窗套，让飘窗也美美的

卧室将黑色与白色运用到了极致，黑色床体搭配白色床品，营造了静谧的睡眠环境，简单中不乏对细节的考究。飘窗使用黑色拉丝不锈钢做窗套，左下角的黑色盒子是一个组合化妆台，用的时候可以打开，不用的时候放在角落也不占空间。

收纳设计

全屋定制柜体让室内更显干净、利落

卧室的衣柜采用全屋定制，门片是白色哑光烤漆，统一做了暗把手，让柜面看上去更加干净、利落。床头背景墙上的黑色壁灯存在感极强，别致简约，替代了艺术挂画，为卧室提供视觉焦点，在某种程度上打破了黑白空间的单调。

4

书房一如既往地简约，背景墙上做了一个凸出的面，嵌入式线形灯带让墙面更有层次感。

5

客厅和阳台衔接处设有一个小吧台，横梁上的吧台灯选用金色明装射灯，为小空间增添精致感。

6

沙发背景墙上做了凸出的造型，搭配下出光灯带，立体式的照明设计让白净的空间充满格调。

案例 12

减简

减去多余的设计，留下简
单美好的生活方式

空间设计暨图片提供：易其设计

和屋主一起做减法，还原空间的本来面目

"减"：减去不需要的。

"简"：留下简单美好的生活方式。

经由不同的历程，每个人会得出不同的观点，通过选择萃取出独到的人生哲学。本案屋主有着减法生活的理念，设计师将此生活哲学延伸至空间设计之中，减少不必要的造型及用材，仅利用家具来装点空间，让家回到最初的美好。

空间为长向格局，大体量的色块与比例分割延伸空间长向尺度，以无彩度的灰和纯粹的白为主，木地板润色为辅，通过家具色彩的点缀，挥洒出空间层次。

———————— 项目信息 ————————

75 平方米

房屋类型：**平层**

房屋格局：**3 室 2 厅 2 卫**

家庭成员：**1 人**

主设计师：**高彩云、林柏璋、杨凯阁**

使用建材：**彩色乳胶漆、木地板、定制橱柜、百叶窗、木饰面**

亮黄色沙发是公共空间的视觉焦点

设计师以高级灰作为空间的主色调，来诠释屋主喜欢的质感生活。软装搭配上，选择亮黄色的沙发去点缀室内低彩度的色调。

双排轨道灯带出轻工业风

客厅区域未使用吊灯，以免顶面显得凌乱，天花板上的双排铁艺轨道灯延展了长向空间的尺度，让轻盈的工业质感在室内蔓延开来。

1

公共空间以两排轨道灯作为主要照明，灯头可自由调整位置和角度，赋予空间无限的可能性。

2

将主卧门、厨房门隐藏在墙体之中，一体式背景墙达到"整"的效果，契合了屋主减法生活的核心。

3

餐厅灯饰采用丹麦设计师的 Multi-Lite 吊灯，简约的结构形式在装饰性上颇为加分。

一桌四椅的减法餐厅

用餐区设在房间入口处，设计师主张将家具融入场景，所有家具
在材质、色彩和造型上均与空间背景相呼应。餐桌由木质台面和
金属桌腿组成，餐椅选用了黑、白两种颜色，一旁餐边柜黑白面
板的组合彰显现代时尚气息和沉稳质感。

卧室里只有原木色和白色

主卧的设计朴素大方，以原木色和白色为主色调，借助木元素天然且温暖的特性，装点出温馨、惬意的睡眠氛围。此外，主卧略带套房属性，卫生间隐藏在衣柜的尽头，极具私密性。

收纳设计

贴合墙体定制衣柜，丰富储物空间

家里所有的柜体均为现场制作，参照原始结构的横梁，设计师在卧室打造了整排衣柜，巧妙地将墙体和衣柜融为一体。柜体木皮的颜色、纹理与地板相似，搭配点状光源，保证了视觉上的统一感。

木语

洗尽铅华，转身看到家的纯粹与美好

空间设计暨图片提供：南京壹石设计

主动参与到设计过程中，让家打上"我"的烙印

男主人公是一位 UI 设计师，非常注重生活品质，对于自己的新家也有着严苛的要求，追求简单、纯粹的生活方式。这是他装修的第二套房子，与第一套房子相比，风格喜好上没有大的改变，但心态上多了些许从容，更愿意花时间与设计师一起讨论方案、分享观点。

设计师思路 ─────────

空间适度留白，简单中感受家的美好

设计师和屋主经过多次深入沟通，最终确定以"木质、极简、文艺"作为这个家风格设计的关键词，希望这对新婚夫妻日常生活中，充满诗意和浪漫。繁花落尽，洗尽铅华，设计上采用大面积的留白手法，加大白色在空间中的占比，再在这张"白纸"上进行软装搭配，让每一处空间都给人带来不一样的惊喜。

──────── 项目信息 ────────

88 平方米

房屋类型：**平层**
房屋格局：**3 室 2 厅 1 卫**
家庭成员：**夫妻**
主设计师：**王高建**
使用建材：**木饰面、瓷砖、彩色乳胶漆、定制橱柜、强化木地板**

大胆使用深色瓷砖，平衡空间质感

客厅吊顶拉平，未使用吊灯，以避免空间显得杂乱。光源采用暗装筒灯、射灯、落地灯，局部分散照明可以让空间更有层次感。设计师特意为屋主选择了黑色地砖，最初夫妻两人担心黑色会过深，容易造成压抑感，但还是听取了设计师的意见，最终效果非常好。空间中黑、白、灰都占有一定比例，这样更有层次感。

软装搭配

硬朗与柔和交融的理性空间

地面为深色调，墙面大面积留白，局部搭配木饰面，构成了黑、白、灰平衡的空间。布艺沙发和木元素相搭配，家具低矮的造型以及细腿设计能够倍化空间视觉。

色彩搭配

适度的配色比例，为空间创造丰富的层次感

原木电视柜和黑色储物柜为设计师现场打造，黑色柜体为白色的空间增添了几分硬朗。色彩搭配上，过多的深色会让人产生压抑感，但如果缺少深色，也反衬不出空间质感。

1
背景墙上的人像挂画与空间的格调相符，是客厅的视觉焦点，带来个性和时尚感。

2
在家具的选择上注重装饰性，极简的餐边柜、挂钟和摆件，提升了空间的精致度。

3
餐桌位于餐厅中心，胡桃木餐桌椅精选实木款式，做工细腻；嵌入式餐边柜有藏有露，集储物和展示于一体。

3

治愈系的简约空间

卧室延续公共空间的设计风格，以简约为主，摈弃多余的家具陈设，一切回归本真的状态。墙面大面积留白，床具和床头柜统一采用实木材质，营造出自然、素雅的空间氛围。

在灰、白色的空间中加入一点粉

次卧以白、灰色为主色调，作为未来的儿童房如何让空间更活泼一些？两幅挂画和粉白四件套床品就是设计师给出的答案。在现场挂画时，起初设计师照常将两幅画挂在同一水平线上，觉得过于刻板，调整后，画面显得更加生动。

4

5

6

4

屋主希望书房是安静的，配色上以白色、原木色为主，清爽的空间更容易让人静心读书。

5

厨房呈规整的 U 形，橱柜分布在三面墙上，丰富的储物设计让空间的利用率实现最大化。

6

餐桌上陈设了自带格调的小物件，抽象艺术画的加入，让用餐充满仪式感。

跳脱

黑、白、灰里跳出一抹红，这个简约风的家不按常理出牌

空间设计暨图片提供：上海 K-one 设计

将灰色进行到底

如今，越来越快的生活节奏让很多年轻人开始迷恋化繁为简的生活方式。屋主是一对 90 后小夫妻，平时工作相当繁忙，希望回到家就能卸下沉重的包袱。装修以简洁、舒适为前提，对于家居空间只有一个要求：灰！希望设计师将灰色进行到底。

设计师思路 ────────────

将不同色阶的灰色进行叠加，辅以亮色做点缀

色彩搭配上，设计师充分尊重屋主的意见，以高级灰为主色调，并利用不同饱和度的灰色进行叠加，浅灰、中灰、深灰，甚至是黑色，营造出视觉上的层次感。为了避免大面积的灰色使人觉得单调，设计师在空间中加入少量点缀色，如红色、紫色，大胆的撞色处理，让房间显得与众不同。

─────────── 项目信息 ───────────

74 平方米

房屋类型：**平层**

房屋格局：**2 室 2 厅 1 卫**

家庭成员：**夫妻**

主设计师：**Cindy**

使用建材：**彩色乳胶漆、实木地板、大理石瓷砖、定制橱柜、玻璃移门、金属、硬包、木饰面**

通透布局让小家越住越大

对于小户型来说，合适的格局分布是营造空间开阔感的必要条件。
公共空间呈"一"字形排布，南北通透，设计在满足功能性与舒
适性的前提下，化繁为简，强调简洁、明快的现代感。整体空间
以暗灰色调为主，而一抹热情的红色让这个家变得不再沉闷，充
满生机。

1

客厅省略了大型家具，沙发、茶几的组合简单大气，大面积的落地窗将美好的阳光引入室内。

2

沙发背景墙上的红色艺术挂画让人眼前一亮，与餐椅相呼应，为灰色调的空间增添了亮点。

3

电视背景墙的设计别出心裁，浅灰色大理石台面和墙面收纳柜相得益彰，保证了视觉的一致性。

运用多种材质丰富空间质感

餐厅和厨房之间设计了玻璃移门，屋主可以根据实际需求来决定开放或关闭移门。设计师运用多种材质来丰富空间质感，轻奢的金属、质朴的木餐桌以及丝绒单椅，让精致感凝练于空间之中。L 形卡座的设计让实用性与美观性得到了结合。

色彩搭配

黑、白、灰色空间中的一抹红

在黑、白、灰色主导的空间中，设计师运用两把红色单椅，给人耳目一新的感受。跳跃的色彩搭配是这个空间最大的特点，设计师巧妙地平衡着空间的色彩基调，在统一的前提下，塑造出有趣的亮点。

色彩搭配

优雅紫色点缀的主卧

主卧延续公共空间的设计理念，以黑、白、灰为主色调。为了突出卧室的私密氛围，在色彩的搭配上，设计师运用紫色进行点缀——紫色的窗帘、抱枕和花艺，细节处彰显屋主的优雅品位。

软装搭配

不对称床头柜让卧室充满趣味

主卧面积虽然不大，但不乏设计亮点。为了规避小空间的面积缺陷，设计师将衣柜嵌入墙体，杜绝了空间浪费。床头背景墙上深与浅的灰色营造出视觉上的层次感，两侧床头柜造型不一，黄铜床头柜轻松成为视觉焦点。

案例 **15**

等风来

120 平方米北欧简约混搭
风三居室，用细节描绘出
生活的温度

空间设计暨图片提供：晓安设计

北欧风格与现代简约风格混搭，凸显空间简洁、干练的特征

屋主格外偏爱北欧休闲风格，设计师遵从其喜好，将这个家的风格定位为北欧简约混搭风。现代简约风格的特征是将色彩、照明、原材料等简化到最少的程度，并且善用几何线条来突出设计感，这恰好与北欧风格所强调的明亮、通透、自然感不谋而合。

本案虽然算不上大户型，但在浅色系以及极简风的熔铸下，整体空间的视觉效果远大于实际面积。设计师以简约为设计理念，抹去了多余的装饰，描绘出富有温度的居住空间。

— 项目信息 —

120 平方米

房屋类型：**平层**

房屋格局：**3 室 2 厅 2 卫**

家庭成员：**夫妻 + 老人 +1 个男孩**

主设计师：**陈秋成**

使用建材：**仿水泥瓷砖、彩色乳胶漆、复古花砖、榻榻米、定制橱柜**

简化材质让空间铺陈更显层次

设计师以北欧风为空间基调，在整个设计过程中刻意做减法，在材质的使用上力求精简。白墙、浅灰色地砖的组合初步勾勒基本框架，呈现清爽、无压的空间。室内未选择木地板，颜色淡雅、自带内敛光泽的地砖能够更好地凸显地毯、抱枕、手办等软装饰品的存在感。

1

浅浅淡淡的背景色有助于凸显软装饰品的存在感，精心挑选的挂画和抱枕让空间更有层次感。

2

电视背景墙造型简单，低调的灰色乳胶漆与地板色彩相呼应；阳台一侧专门预留了储物空间。

南北通透的格局，保证空气的自由流动

原始户型规矩且空间宽阔，动静分区合理，除了增加必要的储物空间，设计师未在格局上进行过多调整。客厅、餐厅在一条直线上，两侧均有良好的采光，相同的材质和色彩搭配让公共空间一气呵成，保持了视觉上的完整性。

小确幸的餐厨空间

餐厨区以白色为主色调，细节中穿插的灰色墙面与客厅区域相呼应。餐桌椅选择了轻盈的北欧款式，低饱和度的三盏灰蓝吊灯造型各异，为空间增添趣味性；靠近窗户处光线最好，设计师专门打造了一张挑空长条工作台，可以同时满足两个人工作，不会对空间造成负担。

有温度的灰色空间

卧室回归单纯的睡眠功能，增加灰色的比重，用高级灰来诠释北欧简约混搭风格，内敛的色彩让室内氛围变得更为纯粹。黄铜台灯和极简挂画提升了空间的精致度。

储物空间丰富的儿童房

为了迎合孩子活泼好动的天性，儿童房的配色是全家最为明亮的。白色和原木色的搭配带来了清爽与明亮感，开放式置物架方便孩子随手归置玩具、学习用品等物品。

第 2 章

简约风，
这样做会更好

好配色，空间更出彩

色彩搭配

黑、白、灰三种中性色的组合搭配是简约风家居配色的典型，不张扬，彰显理性之美。

美的东西都离不开色彩，颜色可谓设计的灵魂。

简约风格家居软装配色通常把环境基色限定为 1 ~ 2 种低饱和度色系，局部加上 1 ~ 2 种强调色，让空间保持较好的整体感，不至于过于繁复。大致有三种搭配方法：第一种是按比例搭配的黑、白、灰内敛色调，呈现宁静雅致的格调；第二种是以白色为主的素雅色调，可以渲染出优雅清新的居住氛围；第三种是以原木色为主的自然色调，这种类型可以打造出悠然安适的简约空间。

以黑、白、灰为主的内敛色调

天花板、墙面、地面以及大面积软装饰品以黑、白、灰为主要配色，也可辅以 1 ~ 2 种点缀色，整体上没有绚丽多彩的颜色，却带有与生俱来的高级感，是永不过时的经典配色，适合喜欢宁静优雅、大气沉稳的屋主。

无论潮流如何变迁，黑、白、灰始终被奉为经典色，远比丰富多彩的色相更具艺术感染力。

1. 黑、白、灰

将黑、白、灰其中两色或三色进行组合搭配，作为空间的基调色，是简约风中运用最多、最不容易出错的色彩搭配手法。使用时需注意黑、白、灰的比例，过多的黑色会带给人压抑感，应搭配白色或不同色阶的灰色来营造层次感。

在此推荐一种极易上手的搭配方式：10% 的黑色 +50% 的灰色 +40% 的白色。墙面以白色为主，大件家具、窗帘等可以选用深浅不同的灰色，局部柜体饰面、灯具、画品等装饰物可以采用黑色。

黑、白、灰的空间，色调在明暗之间呈现出鲜明的层次感和节奏韵律。

2. 黑、白、灰 + 点缀色

在以黑、白、灰色为基调的简约空间中，也可以运用一些饱和度、明度较高的色彩来进行局部点缀，与黑、白、灰色在视觉上形成对比，构成一定的空间张力。应注意点缀色的使用面积，尽量控制在 10%以内，多应用在沙发抱枕、装饰画、工艺品等处。

室内以白、灰色为主，黄色单椅和蓝色抱枕、挂画为空间增加视觉亮点。

俏皮但不跳跃的酒红色艺术挂画为空间带来生机，不影响整体格调。

以白色为主的素雅色调

白色的大面积使用可以提亮空间，营造干净舒适的氛围。它摒弃了繁杂与花哨，最能体现人们对简约风的追求，适合崇尚清新、自然的屋主，能够满足人们对纯净空间的向往。

白色包括象牙白、乳白色、米白色和纯白色等，具有明显的扩张性和易塑造性，看似简单，却又最为丰富，包容性较强，可以搭配任何色彩的家具和装饰品，因此是当之无愧的百搭色，在冷暖变化之间书写不同色彩的质感。

1. 白色 + 暖色调

以白色作为底色，搭配米黄色、原木色、咖啡色等暖色调，能够营造出温馨的氛围。无须抢眼的设计，浅浅淡淡的配色带给人一种平和的美感。

在白色为主的空间，跳脱出一抹亮橘色，氛围一下子活跃起来了，空间瞬间高级很多。

以米白色营造出简约的基调，米色、咖啡色、黄色带给人宁静、放松的观感。

2. 白色 + 冷色调

白色搭配蓝色、青色、绿色等冷色相，能够营造出轻盈、空灵的居室氛围，在简单、利落的基础上为空间再添几分优雅。干净的空间也易于突出每一件家具和摆饰的形态和意义。

以纯净的白色为基底，搭配深蓝色布艺沙发、浅蓝色艺术挂画，给人简约而清爽的观感。

墨绿色沙发格外抢眼，虽为冷色调，但极具生命力的色彩意象，为空间带来呼吸感。

以原木色系为主的自然色调

原木色系总能给人一种安心、稳定的观感。温馨的色彩任由时光打磨，反而能够增加几分韵味，应用于家居空间，充满了简单素雅的生活气息，非常适合追求自然、朴素的屋主。

墙面多选用乳白色或浅色系，地板和家具以原木色为主、灰色为辅，木材可以选用白橡木、胡桃木、榆木、水曲柳等。浅木色系可以彰显空间的温馨感，深木色系则能增强空间的层次感。

背景墙上大面积木饰面的运用，为简约的空间注入了温度。

温润的木色配以大面积的白色，赋予客厅最大的舒适度，营造出富有禅意、宁静的氛围。

少即是多

留白美学

少即是多，用最简练的方式传达屋主独特的审美品位。

少即是多（Less is more）是德国建筑师密斯·凡·德·罗的名言，与我们常说的"留白"有异曲同工之效，两者皆提倡简单，反对过度装饰。留白源自中国传统书画艺术，画面中留有大面积的空白，给人以无限遐想的空间，既是营造意境的手法，也是构成画面形式美不可或缺的元素。

在简约风家居中，留白的运用更像是一种艺术的减法，不在于看到更多，而是要让人看到最重要的场景。落实在设计上，则力求简洁，不做过多的陈设装饰，赋予居室足够的呼吸空间，以素净的色彩打造质朴无华的氛围。

留白的作用

1. 增强空间感

留白不是简单地使用白色，也并非一味地空出大面积区域，而是减少冗余，采用少而精的陈设元素去丰富空间，让视觉空间留白，呈现出宽敞明亮的室内环境，营造更为开阔的空间意境。

用材料和照明等细节串联整体，营造出极强的空间感。

2. 制造视觉焦点

所用的元素越少，人的注意力就会越集中。留白可以将观者的视线转移到被空白包围的元素上，比如一件工艺品、一幅装饰画、一盏灯具等。焦点越鲜明，越能彰显出空间的美学价值，提升整体的设计感。

挂画、吊灯共同组成了视觉焦点，与留白区域相互映衬，呈现极简之美。

3. 营造不同的意境

留白也是简单、有效的场景营造手段，巧妙地平衡着视觉感和空间感，传递或高端或典雅或文艺的空间气质，并通过欣赏者的审美联想而获得不同的意象空间。

以墙面留白来突出空间气质，净、简、素，予人以无限想象。

留白的运用

1. 玄关

玄关是富有仪式感的空间，承担着衔接室内外的重任，决定着入门的第一印象。多以简洁的线条来铺陈，背景墙直接留白，搭配功能性家具、挂画、工艺品等，留出视觉焦点，给人简洁利落的视觉感受。

视觉焦点明确，线条边柜搭配黑白装饰画。越简单，越耐看。

玄关留白可以创造出简洁利落的过渡空间，视觉上延伸感更强。

2. 客厅

恰到好处的客厅留白，能为整个居室加分不少。墙面、地面与吊顶通常选择白色，抛弃多余的、次要的元素，只留下功能性的家居陈设和富有美感的饰品做点缀，最大程度地放大空间感，赋予空间更广的意境。

适度留白，让空间看起来更开阔，有助于提升居住者的舒适度。

3. 其他细节

除了玄关、客厅，留白还可运用在其他空间（卧室、书房等），运用得好，就可以起到"四两拨千斤"的作用。另外，局部陈设的留白处理是设计师最善用的"小心机"，以细节来体现留白之美，可以拓展空间的层次布局。

卧室是让人放松的地方，留白必不可少，在设计上应尽可能克制。

视觉留白搭配用心布置的软装小品，营造出静谧的居住氛围。

精致与优雅的载体

材质运用

在材质的运用上，简约风能做到兼收并蓄，木材、大理石、金属、玻璃都很适用。

简约风超于平淡的精致和高级感与室内面积的大小、豪华程度并无太大关系，关键在于对细节及品质的考究。从材质的选择到工艺的处理，处处看起来简单，实则都是经过深思熟虑的。

木材

木材拥有原始的自然面貌，能为居住者带来温馨、优雅的空间感受。色调浅淡而自然，可以与黑、白、灰等中性色相互融合，营造出舒适、宁静的氛围。

通常以枫木、橡木、云杉、松木等木材为原料，制成木格栅、背景墙、家具等兼具美感与实用性的装饰品，为空间注入浓浓温情。

1. 木饰面

木饰面主要应用在电视背景墙、沙发背景墙和端景等处，以此彰显自然色调与木质纹理。木饰面一旦在空间中大面积铺展开来，就让人仿佛置身于自然之中，回到家便是一次心灵的放松。

木材的色彩、纹理能自然融入整体氛围之中，展现出朴素、优雅的原始美。

运用木饰面做背景墙，色泽温润的木料为卧室带来温暖感。

2. 家具

原木家具是简约风家居中十分受欢迎的材料，融合简约、肌理分明的外形来提升空间整体气质，带给人眼前一亮的视觉效果。如果希望室内视觉空间更开阔，可以选择白橡木、枫木等浅色系家具；如果想强调家具的存在感，建议选择柚木、胡桃木等色彩略暗沉的木材。

原木家具能打造出都市人"可望而不可即"的舒适生活。

大理石

大理石有着与生俱来的精致格调，轻奢有度，气韵十足，其天然的色泽、独特的纹理将简约风的高级感展现得淋漓尽致。大理石本身也比较坚固、耐磨，易于打理，适合运用在墙面、地面、台面、饰品等元素中。

1. 背景墙

简约的大理石背景墙是常用的设计元素，变化丰富的自然纹理可以赋予空间低调奢华的美感。冰花白、爵士白、雅士白等浅色系大理石，自带扩展空间的张力，可以改变空间的视觉尺度。

白色大理石背景墙搭配灰色台面，利用大理石的天然魅力，彰显轻奢质感。

2. 台面

大理石可以作为厨柜台面、吧台台面、餐桌台面、洗手台台面等，其优美的纹理和细腻的饰面让空间更有层次感，在打理的时候，也能倍感轻松。

千变万化的大理石纹理透出自然清冽的艺术气息。

3. 家居小物件

把大理石运用到家居物品之中的创意，已然成为一股家居潮流。圆凳、茶几、烛台、灯具、餐具等，你能想到的物品，都可以加入大理石元素。大理石的自然肌理能赋予这些家居小物件新的意义。

大理石挂钟独特的纹理搭配简洁的时针，宛如一件艺术品。

大理石搭配黄铜，小巧的置物架成为精致一角。

黄铜

集精致、复古于一身的黄铜运用于简约风家居中，不仅可以提升空间的质感，还能带来意想不到的优雅魅力。黄铜既有金属的坚硬质感，又不失文艺气息，可与原木、大理石、玻璃进行搭配，运用在家具、灯具、饰品上，打造出充满轻奢感的空间氛围。

黄铜可与任何材质相搭配，恰到好处地镶嵌，能提升产品的精致度。

1. 家具

在家具中，黄铜元素通常用作配件镶嵌或支撑结构件，如柜门把手、小细腿椅等，赋予空间精致感。使用黄铜做装饰时，一定要"克制"，宜小范围点缀，否则容易背离简约的初衷，形成视觉压力。

2. 灯具

黄铜元素凭借在质地和色泽上的特征，能很好地融入现代灯具的造型之中，成就既简约又充满设计感的单品。当黄铜遇上光影，很容易成为视觉中心，让居室更有层次感。

黄铜搭配玻璃，既复古又现代，承载着时光的温度。

Melt 吊灯的灵感来自融化的玻璃，运用在空间中格外吸睛。

3. 五金

硬度高、耐磨的黄铜运用在卫浴空间，如用于水龙头、淋浴喷头、挂钩等物件上，不仅是美的象征，更是"健康卫士"，其出色的灭菌能力是铜制品的一大优势。

比起冰冷又普通的不锈钢，黄铜材质的五金显得更高级。

4. 饰品

线条感十足的黄铜画框、精美的黄铜花器、复古的黄铜摆件都是让空间看上去别样生动的利器。黄铜赋予了每一件饰品截然不同的意义，或复古，或文艺，或时髦。

黄铜元素在小范围内做点缀，显得精致而轻盈，清爽、不做作。

光与影的艺术

照明设计

无主灯照明设计更显高级，不破坏顶面的清爽感，与简约的空间氛围相得益彰。

对于简约风家居空间而言，照明不仅限于"照亮"这一基础功能，适宜的光分布才是重点，优质的灯光搭配可以形成光与影的层次变化，营造怡人的家居氛围，更能突出设计细节，烘托简约风的高级感。

照明方式

凭借一盏吸顶灯照亮整间屋子的观念，一定要摒弃。有格调的照明方式需要按照房间的使用场景、功能诉求、屋主的使用偏好等差异，并结合多种光源，利用一般照明和局部照明方式搭配设置。

1. 一般照明（基础照明）

一般照明是为照亮整个空间而采用的照明方式，也是常见的照明方式。一般通过吊灯、筒灯等若干灯具布置来实现，除了直射部分，其他角落还会产生阴影。

因客厅面积较小，吊灯和壁灯相搭配的基础照明能保证空间的亮度。

2. 局部照明（功能照明）

局部照明是为了满足某些区域特殊的需要，在一定范围内设置照明灯具，以形成不同的光影效果，塑造多变的光环境。

以顶部暗藏的筒灯作为主光源，明装筒灯、轨道灯、落地灯是用于营造氛围的局部照明。

主灯照明和无主灯照明

主灯照明是利用 1 ~ 2 盏吸顶灯、造型灯作为整体照明，照亮空间中的大部分区域。无主灯照明是以筒灯、射灯代替主灯，安装在需要照亮的区域，以更加精准的方式进行重点照明。无论有主灯还是无主灯，都只是照明的一种手段，灯光营造的氛围才是照明设计最终的目的。

1. 主灯照明

在简约风格中，用于基础照明的主灯，照亮的功能属性已日渐弱化，更重要的是作为整个家居空间"重心"的暗示，强调装饰作用。主灯还需搭配筒灯、射灯、落地灯、壁灯等局部照明灯具，形成不同层次、不同用途的光分布。

一款有设计感的主灯可以装点空间、营造氛围。

2. 无主灯照明

以"光"作为设计元素的无主灯照明设计正悄然盛行，照度均匀、光源丰富、层次鲜明、不占层高是其优点。无主灯设计主要是利用点状光源（筒灯、射灯）+ 线形灯带来进行照明，一方面使光线分布更加均匀，另一方面线形灯带独特的线条美感，能够带来不一样的视觉感受。

无主灯的平顶设计能将客厅简约利落的特性表达到位。

居室各空间的用光建议

1. 玄关

玄关是正式进入家居空间的缓冲地带，除了灯具风格要与客厅整体保持一致外，还要考虑其功能特征。顶部一般用吸顶灯或筒灯作为基础照明，保证足够的亮度；换鞋区上方、玄关柜区域可分别采用射灯、柜下感应灯或 LED 灯带进行局部照明。

柜体下方做结构性照明，均匀打亮空间，既弱化了家具的体量感，也让空间更显精致。

作为进门的第一个空间，明亮的光线有助于人心情豁然开朗。

2. 客厅

客厅是开放度较高的流动空间，承担着休闲娱乐、会客、阅读等多样化功能，因此客厅照明在居家照明设计中扮演着非常重要的角色。

在做好基础照明的前提下，建议针对电视背景墙、沙发旁、装饰画等区域增加局部照明，突出各功能区的特征。同时，以多光源组合的形式，打造不同光效，满足不同场景下的灯光需求。

暗装筒灯作为一般照明，灯带作为氛围照明，辅以弧形落地灯，整个照明设计充满层次感。

3. 餐厅

餐厅照明应以餐桌为中心确立一个主光源，并搭配辅助性灯光，以营造餐厅区域的氛围和仪式感。餐桌正上方可以选用下罩式、多头型、组合式灯具，灯头距离桌面 70~80 厘米就好；灯光可以稍亮一些，这样可以让菜肴显得更可口。

大多以线形吊灯作为重点照明，方便用餐时光线聚焦在餐桌上。

一盏造型独特的餐桌吊灯能轻易打造空间的主题。

4. 卧室

卧室作为主要的休息空间，需要营造出柔和、放松的灯光环境，建议采用由射灯、灯带、吊灯和台灯等多种光源搭配组成的无主灯照明设计。此外，睡前的床头照明必不可少，灯光可以选择暖色光，以营造有助于睡眠的光环境。

卧室中的照明适合采用漫射光，低照度的光线能营造宁静、放松的睡眠氛围。

第 3 章

简约风
百搭单品推荐

沙发、单椅

沙发和单椅是现代家居生活中必不可少的单品，一款好看且舒适的坐具不仅应在色调上与环境相协调，还需要考虑产品的构造、材质以及兼顾功能性的造型美感。

1

查尔斯沙发

设计师：安东尼奥·希特里奥（Antonio Citterio）

材质：钢架、布艺

"查尔斯"是一个系列款，不同样式可以满足每一个家庭的需求。它拥有轻快的外形和简单的轮廓，没有任何多余的装饰，侧重沙发的功能性；梯形扶手设计以及倒 L 形的铸造金属脚是区别于其他沙发的最大特点。

2

科莫沙发

设计师：乔治·索雷西（Giorgio Soressi）

材质：钢架、皮革

尺寸：高 700 毫米 × 长 2230 毫米 × 宽 900 毫米

皮革沙发是简约风家居中的一道风景线。白色、黑色、棕色是经典款，驾驭得了任何空间。优雅舒适的科莫沙发是按设在坚实的钢框架和不锈钢铸造腿上，给人以稳定的感觉，舒适的软包让坐感得到质的升华。

3

The Chair

设计师：汉斯·瓦格纳（Hans J. Wegner）
材质：木、皮革
尺寸：高760毫米 × 宽590毫米 × 深460毫米

"The Chair"于1949年问世，以流畅的线条和极简的设计而得名。座椅从造型到构件浑然一体，无棱角，坐感舒适，肯尼迪和奥巴马都坐过此种椅子，因此也叫"肯尼迪椅"或"总统椅"。

4

贝壳椅

设计师：汉斯·瓦格纳
材质：木、皮革
尺寸：高740毫米 × 宽920毫米 × 深830毫米

两边内合呈翼状的座椅，椅背像拢起的贝壳，流畅的弧度从正面望去又像是微笑的嘴型，从各个角度看都十分优雅。贝壳椅抛弃扶手，延长椅面，椅身能将人体完美收纳，坐躺舒适。放在家中的某个角落，坐在上面看书，喝杯咖啡，享受一个人的安静时光。

5

甲壳虫餐椅

设计师：格姆·弗拉特西（Gem Fratesi）
材质：织物、不锈钢电镀脚
尺寸：高860毫米 × 宽560毫米 × 深580毫米

甲壳虫椅的造型再现了甲虫的优美曲线，壳状向内收拢的椅面符合人体工学，纤细轻盈的椅腿搭配柔软的丝绒面料，在保持复古风的同时，显得十分精致，无论置于家中哪个角落，都十分抢眼。

灯饰

一款好看、有型的灯具对家居氛围的营造起着决定性的作用，能
让单调的空间充满层次感，无论作为客厅的主角担当，还是卧室
的温馨陪伴，绝对都是点睛之笔的存在。

1

Heracleum 系列灯
品牌：Moooi
材质：金属、LED 灯片

Heracleum 系列有多种灯形，除了枝形结构外，还有长条
形和 O 形，每一款都有不同的尺寸，其设计灵感来源于植
物，叶子形状的灯片与纤细的金属杆相连，散发出自然之美。
许多人也喜欢叫它"萤火虫灯"，星星点点的样子好似萤
火虫在空中飞舞，为空间注入妙不可言的浪漫。

2

IC Lights 恒星系列灯
品牌：Flos
材质：黄铜、玻璃

IC 系列有吊灯、落地灯、壁灯和台灯。纤
细的黄铜支架搭配柔和的蛋白色吹制玻璃，
辨识度极高，将极简主义美学发挥到了极
致。简洁的线条和立体的圆构造出诗意的
光影，辅以迷人的黄铜色泽，还原了空中
挂着一轮满月的场景。

3

Captain Flint 落地灯

品牌：Flos
材质：金属、大理石
尺寸：高 1537 毫米

颜色有金色和黑色，简约的线条带给人不简单的美学享受。与其他落地灯相比，此款落地灯的"年龄"尚轻，但凭借着出色的外表，将来势必会成为一款经典的落地灯。

4

AJ 系列灯

品牌：Louis Poulsen
材质：精制铝合金

AJ 系列灯具是一款有着几十年历史的老牌灯具，造型流畅，细条支架搭配带有幅度的照射设计，经典又耐看。AJ 系列灯具包括壁灯、落地灯和台灯，因其个性低调、搭配度极高，成为千万家居达人的钟爱之选。

5

乐器吊灯

品牌：Tom Dixon
材质：黄铜

乐器灯设计简约明快，灯罩取材于厚实的黄铜，充满现代感，主打黑色和黄铜色。餐厅、吧台最适合使用此款灯具，垂线形灯饰无论是组合还是单独使用，都能成为引人瞩目的焦点。

挂饰

简约风家居空间选择画品时讲究与环境的契合度，可以选择留白多、
线条感强的作品，画框通常选择黑色或白色细框，以衬托精致感。
除了画品，挂钟也是设计师最善用的单品，在此推荐西班牙 Nomon
挂钟，其极简的造型绝对是现代空间中画龙点睛般的存在。

1

几何图案、抽象画

抽象画或几何图案画作能突出居住者的视觉感受和精神体验，是简
约风家居装饰画的首选。对于画作色彩建议与空间颜色相呼应，可
以选择同色系或局部对比色系。

2

肖像画

肖像画作为视觉焦点，运用得当会令空
间格外出彩。选择人像作品的关键在于
饱和度一定要低，这样才不会突兀于周
围简约的陈设。

3

时钟

品牌：Nomon

材质：高分子纤维、胡桃木、镀铬钢

尺寸：高度 1000 毫米，表盘直径 900 毫米

Nomon 时钟由两个高分子纤维环组成，天然胡桃木和镀铬钢的内部细节浑然天成，既不失极简格调，又增添了前卫的设计，呈现出满满的概念感和艺术气息。

4

Punto Y Coma 挂钟

品牌：Nomon

材质：金属、胡桃木

尺寸：高度 1130 毫米，表盘直径 370 毫米

Punto Y Coma 挂钟与生俱来的艺术气息让它不只是家居生活中的附属配件，更是醒目的点缀，让人眼前一亮。

5

OJ 挂钟

品牌：Nomon

材质：金属

尺寸：表盘直径 800 毫米

OJ 系列挂钟由几何线条的极简元素构成，设计灵感源于对时间流动的感受。它不仅能提供精准的报时，更能轻松吸睛，成为室内的视觉亮点。

植物

植物是简约风家居中不可或缺的陈设好物。挺拔干练的大型植栽
只要放上一棵，就能够定下整个空间的基调，特别提气，再摆放
一些小盆栽来点缀，恰到好处的绿色会与周边的环境自映成画，
自然又舒适。

1
琴叶榕

琴叶榕在家居杂志、网站上的出镜率很高，因树叶呈提琴形状
而得名，笔直的树枝干净挺拔，宽厚的深绿叶片富有光泽，层
层向上，充满了艺术的气息。

养护 *Tips*:

喜温暖、湿润和阳光充足
的环境，对水分的要求是
宁湿勿干，对阳光的适应
度比较高。

养护 *Tips*:

喜阳光，忌烈日暴晒，作
为懒人植物，不用经常浇
水，光线充足时颜色会更
加鲜艳。

2
千年木

千年木又叫七彩铁、朱蕉、三色龙血树。株形美观，茎干细圆
直立，姿态婆娑，叶片簇生在顶端，像绽放的烟花，具有很好
的观赏性和装饰性。简约风空间中摆放一株千年木会使整个空
间气场十足。

3

天堂鸟

天堂鸟本名"鹤望兰"，叶片油绿硕大，形似芭蕉，春夏之间开花，开花时橙黄色花絮像极了仙鹤的头在翘首远望。天堂鸟体型较大，家里需要有宽敞的空间，摆放在客厅窗边和墙边，都是不错的选择。

养护 *Tips*：
适合生长的温度是 18~24℃，喜湿润、阳光充足的环境，不耐寒、不耐酷热，忌干旱、忌水涝，冬天要适当控制浇水。

4

橡皮树

橡皮树又称印度榕、印度橡胶，整体硬朗，透着一股顽强的气息。革质感的大叶片，形状圆润，叶面呈暗绿色，叶背是淡绿色，是用来中和简约风冷硬线条的最佳选择。

养护 *Tips*：
橡皮树长速较快，宜经常修剪，喜温暖、湿润的生长环境，忌黏性土壤，避免阳光直射，不用浇太多水，待土干透后再浇水即可。

5
龟背竹

龟背竹叶子呈孔裂纹状，因像龟甲图案而得名。独特的外形使其自带文艺属性，能让家居颜值提高好几个档次，不管是盆栽养殖，还是鲜切叶片插在玻璃瓶中做装饰，都让人十分喜爱。

养护 *Tips*：
喜温暖、潮湿的环境，最佳温度为 20～25℃，切忌强光曝晒，放在通风、明亮的地方，可减少其虫害病发率。

养护 *Tips*：
喜欢湿润的养护环境，等土壤表面干了后就可以浇透水。如用尤加利叶制作干花，可倒置悬挂风干，或用微波炉烘干。

6
尤加利

尤加利又称桉树，原产国是澳大利亚。叶子圆润小巧，能散发出淡淡的清香。叶片表面光滑，还有一层薄薄的白粉。鲜切叶放置一周后就会变成干花，能常年保持绿色。

7

春羽

春羽叶片呈羽状，为浓绿色且富有光泽，叶柄长而粗壮，株形优美，形态舒展，是极好的室内喜阴观叶植物。春羽的叶片开裂得比龟背竹要大，叶子油油亮亮的，有种张扬的美。

养护 *Tips*：
喜温喜湿，对光线没有严格的要求，生长期要注意保持盆土湿润；18~25℃适宜生长，冬季室温不低于10℃。

8

虎尾兰

虎尾兰又名虎皮兰、千岁兰，可有效吸收室内的有害气体。虎尾兰是一种非常容易打理的植物，以欣赏叶片为主，叶形和花色有几十种之多，挺拔向上的叶片给人延伸感。

养护 *Tips*：
保证光线充足，夏季避免阳光直射，冬季宜放在向阳的房间，对土壤和容器无特别的要求，透气、透水即可。

家居收纳

贴近生活的简约风建立在极致收纳的基础之上，如果缺少收纳空间，即便居室风格再简约，也容易变成杂货铺。功能立体、外观简洁的定制柜体是将空间利用最充分的收纳形式，有助于打造出视觉清爽的家居环境。在此，简单推荐几款实用的定制储物柜。

柜体推荐"藏八露二"的结构设计，隐藏 80% 的乱，才能展露出 20% 的美。

1

玄关柜

玄关柜建议做成顶天立地嵌入式，集展示、储物、鞋柜于一体。柜体通常分上下两段，中段镂空，可作为置物台面；柜底悬空，用来放置常穿的鞋子；侧边留空，平台高度可坐即可。

白色与原色的木质元素清新素雅，内置 LED 灯光条，丰富视觉层次感。

2

电视墙柜

电视机内嵌墙体的定制收纳柜，不仅极大地增大了收纳量，还可让室内立面更加整洁，甚至可以将电视机完全隐藏起来，用时打开柜门，不用时关上，以保证立面的清爽感。

柜面最好是浅色板材，推荐白色或原木色，让空间更显开阔。

3

餐边柜

设计合理的餐边柜能减轻厨房和餐厅的不少收纳压力，让空间更整洁。形式上，可以选择卡座、餐边柜一体式的，也可以与酒柜、餐厨电器等相结合，具体要根据家庭成员的使用习惯和空间的实际大小来进行设计。

到顶餐边柜嵌入墙体，降低柜体的存在感；中间留出展示架，摆放上书籍，为餐厅增添优雅气氛。

集收纳、展示与备餐功能于一体的定制餐边柜，非常实用。

特别致谢 （排名不分先后）

北岩设计

微信：NORTHROCK_DESIGN
地址：南京市雨花台区锦绣街 7 号绿地之窗 D4 栋 726—727 室

往里设计

微信：13065159391
地址：上饶市万年县珍珠城南门 7 号楼 11 号商铺

熹维设计

微信：18651909851
地址：南京市秦淮区 1865 创意产业园凡德艺术街区 A2-306 室

吾索设计

微信：15094307270
地址：南京市浦口区吉庆路 6 号阳光帝景 9 栋 1404 室

JULIE 软装设计

微信：julieww18
地址：杭州市西湖区文二西路南都银座 3-3-1501

力高设计

微信：13829999670
地址：惠州市万林湖 L2-1 栋

上海费弗空间设计有限公司

微信：Fantasy_M
地址：上海市宝山区陆翔路 1018 弄龙湖北城天街 1 号楼 23 楼
2327—2328 室

杭州 TK 设计

微信：15957143882
地址：杭州市西湖区紫金广场 B 座 1108—1112 室

南京壹石设计

微信：15996255996
地址：南京市建邺区万达广场 G 座 160 室

上海 K-one 设计

微信：missk10031004
地址：上海市申南文化创意园区高平路 100 号 7 号楼 7B2—3F

Eric 设计工作室

微信：1521540163
地址：广州市番禺区珠江花园紫云阁 1106 室

晓安设计

微信：18118195600
地址：苏州市平江区齐门路渔郎桥浜 16 号德必姑苏 WE11 栋

柒筑空间设计

微信：18815000778
地址：温州市瑞安市万盛佳园 3-2-901 室

易其设计

邮箱：317designstudio@gmail.com
地址：台北市松山区延寿街 153 号 4 层

图书在版编目（CIP）数据

简约风家居设计与软装搭配 / 任菲编 . -- 南京：
江苏凤凰美术出版社，2020.2
ISBN 978-7-5580-4523-3

Ⅰ.①简… Ⅱ.①任… Ⅲ.①住宅—室内装饰设计
Ⅳ.①TU241

中国版本图书馆CIP数据核字(2019)第241757号

出版统筹	王林军
策划编辑	庞 冬
责任编辑	王左佐 韩 冰
助理编辑	许逸灵
特邀编辑	庞 冬
装帧设计	张仅宜
责任校对	刁海裕
责任监印	张宇华

书 名	简约风家居设计与软装搭配
编 者	任 菲
出版发行	江苏凤凰美术出版社（南京市中央路165号 邮编：210009）
出版社网址	http://www.jsmscbs.com.cn
总 经 销	天津凤凰空间文化传媒有限公司
总经销网址	http://www.ifengspace.cn
印 刷	北京博海升彩色印刷有限公司
开 本	710mm×1000mm 1/16
印 张	10
版 次	2020年2月第1版 2020年2月第1次印刷
标准书号	ISBN 978-7-5580-4523-3
定 价	49.80元

营销部电话 025-68155790 营销部地址 南京市中央路165号
江苏凤凰美术出版社图书凡印装错误可向承印厂调换